现代农业新技术系列科普动漫丛书

大豆种植小九九

韩贵清　主编

中国农业出版社

本书编委会

前　言

　　黑龙江省农业科学院秉承"论文写在大地上，成果留在农民家"的创新理念，转变科研发展方式，成功开创了融科技创新、成果转化和服务"三农"为一体的科技引领现代农业发展之路。

　　为了进一步提高农业科技知识的普及效率，针对目前农业生产与科技文化需求，创新科普形式，将科技与文化相融合，编创了以东北民俗文化为背景的《现代农业新技术系列科普动漫丛书》。本书为丛书之一，采用图文并茂的动画形式，运用写实、夸张、卡通、拟人手段，融合小品、二人转、快板书、顺口溜的语言形式，图解大豆最新栽培技术。力求做到农民喜欢看、看得懂、学得会、用得上，以实现科普作品的人性化、图片化和口袋化。

编　者

2015年1月

在黑龙江省农业科学院专家的帮助下，龙泉乡种植合作社靠种植玉米实现增收致富，成了远近闻名的"玉米村"。可谁也没想到，社长大军却突然改变了下一年的种植计划，一门心思想要种大豆。消息传开，宁静的山村立时炸开了锅，这下大军社长的日子不好过喽！

主要人物

玉米合作社社长
大军

省农科院专家
小农科

老吴

大军媳妇

大宝

二宝

　　秋收过后的龙泉乡宁静祥和，刚刚带领乡亲们喜获玉米大丰收的合作社社长大军，忙活着指挥大农机进行秋整地，心里却琢磨开了明年的种植计划。

　　向来机灵的二宝见秋整地没有深翻，猜想大军是不是忘了。大军解释说："去年咱这旮哒*都整过一遍了。"

------

* 旮哒：地区。

　　说话的工夫，整地机已经从远处返回来了，大军连忙挥手叫大宝下来歇会儿。大宝利落地跳下整地机，边喝水边说："还是秋整地省劲啊！春天地冻着，太硬，这起好了垄，等春天化冻，地暄乎乎的，出苗可快了！"

　　晚上，在村委会农民大学的教室里，大军把明年的种植计划发给大家。一看明年要种大豆，大伙都犯起了嘀咕："咋让我家改种大豆啊？""产量太低""我可不乐意种"……二宝干脆大声嚷着要退社，教室里一时炸开了锅。

就在这时，小农科快步走进教室。他告诉社员们，这个种植计划是大军和他合计了很久才定下的。

大豆的后茬种玉米、麦子、高粱等禾谷类作物，后茬都能增产两到三成

小农科解释说："之所以要隔两年种一茬大豆，是因为种大豆养地。"二宝却认为小农科说得邪乎，不相信。

　　老吴大哥则说："老庄户人都知道大豆养地，但始终没搞明白因为啥？请小农科给讲讲其中的道理。"于是，小农科详细为大家解释起轮作大豆的科学原理。

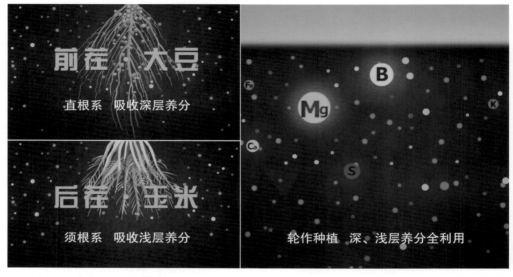

前茬·大豆
直根系 吸收深层养分

后茬·玉米
须根系 吸收浅层养分

轮作种植 深、浅层养分全利用

　　大豆是直根系，根扎得深，吸收的是深层土壤的养分；玉米等禾谷类作物是须根系，扎根浅，吸收的是浅层土壤的养分。种完大豆种玉米，土里深层、浅层的养分都利用了，谁也不抢谁的。

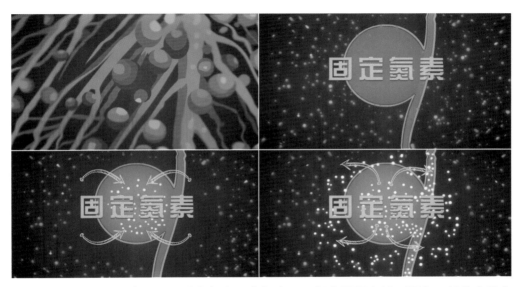

　　大豆根上长的根瘤，可以从空气中回收氮素。一部分用于生长，还有一部分会留在土壤里，后茬作物长得肯定好啊！

增强肥力

轮作减少病虫害

大豆根茬落叶多、腐烂快，还田后可增加不少的肥力。另外，大豆与禾谷类作物相同的病虫害少，轮作就减少了病虫害。

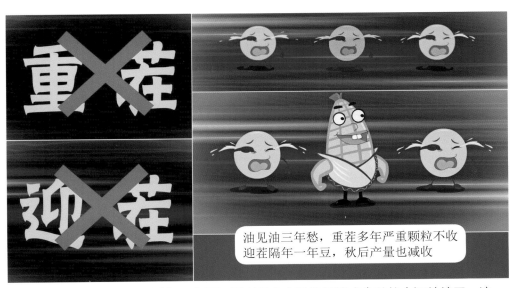

油见油三年愁，重茬多年严重颗粒不收
迎茬隔年一年豆，秋后产量也减收

为了让大家理解得更透彻，大军还即兴把小农科的话编成幽默的小调总结了一遍。

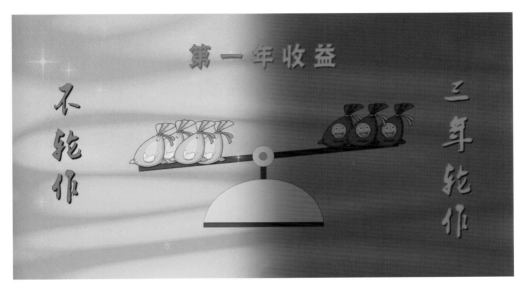

第一年收益

不轮作

三年轮作

小农科说："大军总结得很好，经过研究和多年实践验证：三年轮作模式，土地利用最充分，经济效益也最好。现在大豆的效益确实是低，种大豆这一年的收益少，但是咱不能就算眼前账。"

13

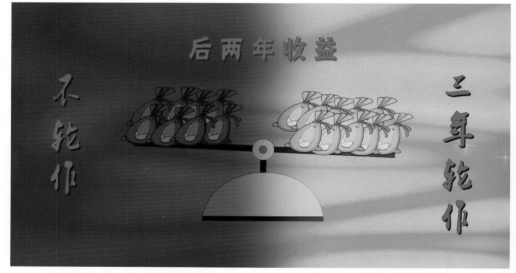

如果以三年轮作为一个周期看，后两年的玉米产量能大幅提高，就可以弥补大豆那一年的收益损失。

如果管理得当，轮作的赚头要比种三年玉米还大。

大宝说："嗨，我都算明白了，管理好了，大豆增产，后两年玉米也增产，加上省下的肥钱、药钱，差不离儿。" 二宝心里虽然认同了种大豆，但嘴上还是不饶人地说："那我哥都这么说了，爱咋地咋地，社长定吧。"

　　社员们三三两两地走了。老吴走上前安慰道："大军啊，别让他们给你豁愣*迷瞪**了，轮作这主意没毛病。"

---

　　* 豁愣：搅和。　　** 迷瞪：心里迷惑、糊涂。

　　小农科塞给大军一张大豆底肥的配方，告诉他时间不等人，再有十天八天就上冻了，起垄施肥不能等。"行，出事儿我顶着。"大军咬咬牙，攥着拳头下定了决心。

除夕夜，大军家里冷冷清清。大军茫然地看着窗外的烟花，心情十分落寞。

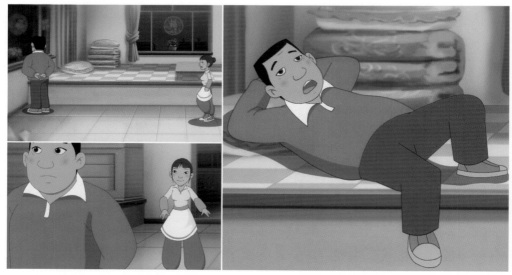

　　大军媳妇从屋外走进来，对大军说："也怪了，大过年的，咱家咋这么冷清呢？"大军颓然倒在炕上，叹口气说道："都跟我别着劲儿呢，谁都不上门。种大豆，他们还是不放心啊！"

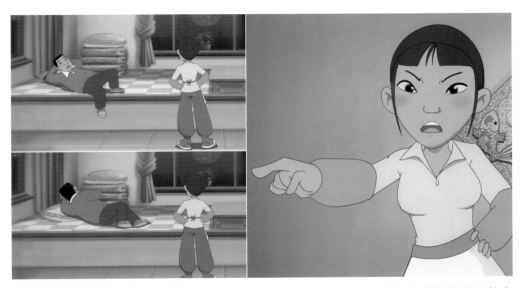

　　"丞样儿，瞅瞅这点事把你祸害的，接着想招儿去。" 大军媳妇指着躺在炕上的大军埋怨道。大军翻身背对着她叹了口气："你说的倒容易！"

　　春播前，大军和社员们在小农科的带领下，来到黑龙江省农业科学院大豆制种车间。院子里一字排开的机器，正"哗啦哗啦"地筛选种子，大家欣喜地边走边看。

　　大军问小农科：“流水线上的，是我在示范田相中的那个品种吗？”小农科说：“是的，这个品种在当地种了好几年，生育期合适、产量高、秆强抗倒伏，而且抗病性都挺好。”

　　跟在后面的老吴感叹道："好种出好苗，种子是关键啊！"小农科告诉大家："这是正规的种业公司，种子的净度、纯度、发芽率达到国家标准要求才能出厂。"说着，随手抓了一把种子给大家看，众人连连点头。

　　小农科带着大家往前面走，落在后面的老吴看四下无人，就偷偷抓了一把筛选好的种子放在自己的衣服兜里。嘴里叨咕着："咋跟做贼似的。嗨，为了大伙儿，不要我这老脸了。"

　　大宝兄弟俩告诉小农科，以前也种过大豆，但是产量低，还特爱得病，虫害也不少。小农科告诉他们："现在的种子包衣技术，能把预防病虫害的药剂和植物生长需要的微肥包在种子外面。"

　　小农科指着一袋没封口的粉红色豆种说："你们看，在春播前给种子包衣，微肥补充微量元素，药剂能预防大豆病虫害。"

"这品种，亩*产能有多少斤*？"二宝还是不放心。大军连忙说："去年示范田收获我去看了，亩产五百多斤。"

----

*亩、斤: 为非法定计量单位，1亩=1/15公顷，1斤=500克。

　　二宝把大宝拉到旁边小声嘀咕："哥，咱家原来种大豆，最多也就能打个三百来斤儿。"大宝告诉弟弟，问过别的县的农机手，现在大豆种得好的，四五百斤玩儿似的。"那就先试试！"二宝终于放心了。大宝点头道："先试试！"

4月春播前，在村农民大学教室里，老吴神秘地拿出一个盒子，众人打开一看竟是发好的豆芽。老吴得意地把盒子高高举起，"这是咱买的种子发出来的。苗好一半收，这芽咋样？"

这时，小农科也抱着个纸箱走进教室。老吴当下红着脸不好意思地说："老师，我得和你道歉。参观的时候，我偷偷抓了两把种子，回来发芽试试好不好。"小农科表示可以理解，自己做一遍发芽试验会更保险。

　　小农科把纸箱取下来。露出一个有机玻璃盒，里面铺着厚厚的土，土上还放着两个小小的耕整地机、播种机模型。众人看了，十分稀奇。

土壤深松
化肥深施
垄上双行精量点播

　　开始上课了，小农科首先讲解了"大豆垄三高产栽培技术"。这是当前种植大豆最常用的技术，共有土壤深松、化肥深施和垄上双行精量点播3个要点。

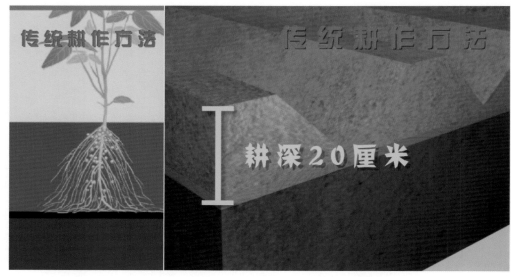

传统的耕作方法，容易使土壤板结、通透性差，大豆扎根受限制。

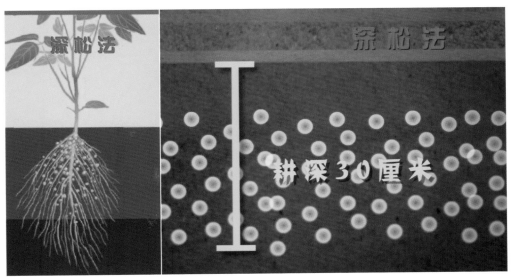

深松法

深松法

耕深30厘米

　　现在深松打破犁底层后，耕作层变厚了，大豆根长得壮、扎得深，根瘤发育得也好。深松以后，土壤通透了，能蓄水保墒、防旱抗涝。

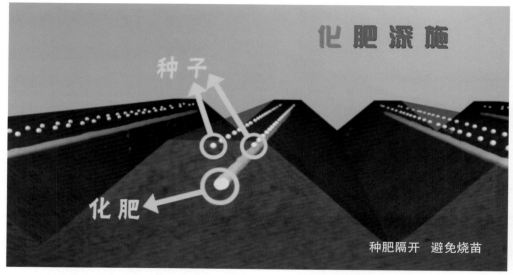

化肥分层深施的好处：一是肥和种子隔开了，可以避免烧苗。

化肥转化速度慢　避免浪费肥力

二是化肥转化速度慢了，等大豆幼苗期开始长个的时候，肥力才上来，不浪费。

垄上双行，精量点播。由于单行变成双行，密度增加了，植株分布更合理，可以增加亩产量。

底肥 60%～70%

头年秋天
起垄、施底肥

垄宽65厘米

底肥深度
15～20厘米

　　头一年伏秋精细整地，起65厘米大垄。起垄深松的同时施底肥，深度15～20厘米；底肥占全年施肥总量的60%～70%。

　　第二年春天，用双条精量点播机垄上点种。种子播在垄体两侧，双条间距12厘米；播后要镇压，种子播深要达到镇压后5厘米。

垄沟深松

种肥深度10厘米

→ 底肥

　　播种的同时，在双条种子之间施种肥，深度10厘米。种肥占施肥总量的30%~40%。出苗后，进行垄沟深松。

> 播种前，农机一定要提前检修好，测试排种、排肥、开沟覆土是否正常

大军媳妇苦着脸说："听着老复杂了！"大军笑道："复杂的事都让机器给干了，你愁啥呀。"大宝告诉她，"专家都给设计、测算好了，机器也是配套的。干活儿前，把机器调好了别掉链子就行了。"

地表5厘米以下地温保持在7~8℃时，播种最合适。种植中、晚熟品种应适当早播，早熟品种应适当晚播。

封闭除草

播种后、出苗前要封闭除草，也可以在播种后5~6周做茎叶处理。

　　6月的一个上午，大军举着手机修修改改写着什么。大军媳妇偷偷凑上去，从背后一把抢过手机要看个究竟。

看了手机内容的大军媳妇扑哧一下笑出声："唉呀妈呀，字儿没认识几个，还写上诗了！你可真能编。"大军反驳道："那是我编的顺口溜。李白是谁都不知道，你知道什么叫诗吗？"

　　"李白？老李家的大小子嘛！哎，你这是给大伙儿编的？"大军媳妇问道。大军告诉媳妇："三分种，七分管。咱这旮哒人都不重视中期铲蹚，出了苗就不管了，那产量能高吗？"

中期管理别松懈
大豆高产靠科学
铲蹚管理别脱节
伤苗压苗要杜绝

"那媳妇我也'癞蛤蟆掀门帘儿——露一小手',听着啊!"大军媳妇也来了兴致。

青苗照垄时铲蹚第一遍
五片复叶铲蹚第二遍
大豆封垄铲蹚第三遍
高培土土培根水土保不缺

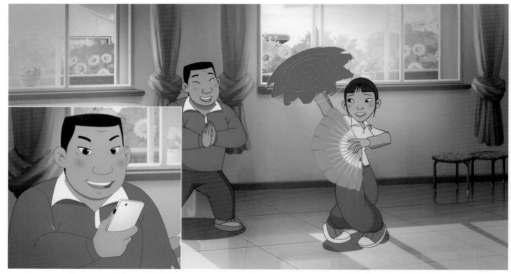

　　“我的媳妇呀，唱得老霸气了！”大军拍手叫好，大军媳妇娇媚地冲他飞个媚眼。就在夫妻俩说笑的时候，小农科回短信了。

短信中说：若前期长势差，还要注意结合第二遍蹚地追施氮肥，追肥后中耕培土。

　　前期长势好的，就在初花期追施氮肥，再根据测土配方报告提出施肥建议，补充点微量元素。中后期根据长势再喷1~2次叶面肥，保障后期健壮生长。

　　大军心里惦记着"初花期追肥"。媳妇拉他胳膊问："我唱得好，人美不？""美，美得跟大豆花儿似的。"大军随口应付她。媳妇一听不乐意了，"咋成大豆花了？换个贵点的呀！"大军回道："你个柴火妞，还能像啥花？我现在啊，就稀罕大豆花儿。"

7月上中旬病虫害
预测预报

　　转眼进入7月，在农民大学的培训教室里，大军和老吴一起上网查阅病虫害预报。大军指着屏幕高兴地说："你看7月上中旬病虫害预测预报出来了。植保站以前都是发文件，现在可好了，村村都通网络了，咱自己搁网上就看着了。"

　　小农科拿着一叠卡片走了进来，"大军，病虫害防治卡印刷出来了，是专门针对咱这旮哒的，你发给大家吧。" 大军接过来说："嘿嘿，这玩意儿好，看图认虫子。"

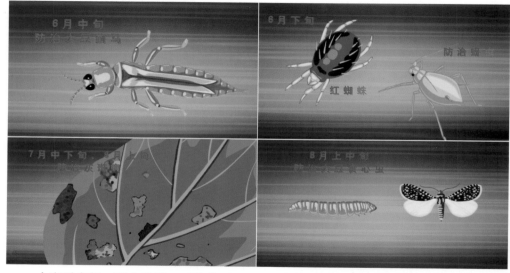

　　小农科拿起一张卡片说："你们看啊，6月中旬，防治大豆蓟马；6月下旬，防治蚜虫和红蜘蛛；7月中下旬和8月上旬，防治灰斑病；8月上中旬，防治大豆食心虫。"

　　小农科告诉大军，根据预测报告咱这旮哒今年大豆食心虫的为害会比较高，要作为防治重点。大军让小农科放心，他一定会办得妥妥当当。

大豆食心虫

哎呀，正是食心虫的成虫

8月的一个清晨，刚刚起床的大军正准备吃早饭，就看见老吴急匆匆地跑了进来。老吴把手举到大军面前说："快看看这虫子，是不是食心虫？"大军连忙拿过虫子仔细端详。

　　老吴心急地抓着大军要去买药。可大军却不着急地说："咱哥俩整两口。"说着，还端起粥碗，故意慢吞吞地喝了口粥："香啊，真香啊！""虫子搁地里，啃得比你还香呢！别磨蹭了！"老吴急得直跳脚。这时，外面传来"轰轰轰"大农机经过的轰鸣声。

老吴和大军走到院门口，看到街口外停着一辆农用车。大宝在车上冲这边喊："大军，走吧，咱们治虫子去。""你先去，我这就来。"大军回答。

　　"干啥去啊？"老吴一时搞不清状况。"防食心虫去！"大军笑着说。"上个月我就把药预备上了。人家植保站的人一直在监测呢，啥时候化蛹、啥时候产卵，人家都看得真真儿的。"

　　"对了，是有个戴大帽子的，常在咱地里转悠，原来是植保站的人呀。"老吴恍然大悟。大军告诉老吴："小农科说这两天防治最合适，所以就把活儿安排在今天了。等看见虫卵再安排就晚了，药还没买来呢，虫子就孵出来钻豆荚里了。"

　　见大军想得这么周到，老吴的心放到了肚子里，挥着手对大军说："走喽，回家整两口儿，就等着秋收了。"大军连忙摆手说："那可不行啊，不到成熟不能放松管理，还要注意生长后期的病虫害发生、低温早霜和涝害，要一管到底才能确保丰产丰收啊！"

　　转眼到了10月，接近收获的时节。小农科指着大片的大豆田说："枝条全干枯了，叶片也掉得差不多了，快到时候了。"大军媳妇将几串干豆荚放在耳边晃动着，豆荚发出"哗啦哗啦"的响声。

收早了含水量高，容易霉烂；收晚了容易炸荚落粒，损失产量

小农科掰开一个豆荚，用手捻着豆粒说："籽粒归圆，颜色对了，干得也差不多了。下个星期都是好天气，可以收割了。"

眼瞅着大豆收得差不多了，二宝和几个在外打工的社员骑着摩托回来了。

　　老吴一见二宝，就打趣地说："二宝，你原先横扒拉竖挡着的，今天不闹腾了？"
二宝尴尬地笑笑，"我那半拉子脑袋，不能算数。真是没想到，一亩地能打出四百八十
斤豆子来！"

收割机管道里，豆子们欢跳着往前跑："冲啊，咱们的大豆家族又要兴旺了！"

图书在版编目（CIP）数据

大豆种植小九九 / 韩贵清主编. —北京：中国农
业出版社，2015.4
（现代农业新技术系列科普动漫丛书）
ISBN 978-7-109-20385-3

Ⅰ. ①大… Ⅱ. ①韩… Ⅲ. ①大豆—栽培技术—图解
Ⅳ. ①S565.1-64

中国版本图书馆CIP数据核字(2015)第073925号

中国农业出版社出版
（北京市朝阳区麦子店街18号楼）
（邮政编码 100125）
责任编辑 刘伟 杨桂华

中国农业出版社印刷厂印刷 新华书店北京发行所发行
2015年5月第1版 2015年5月北京第1次印刷

开本：787mm×1092mm 1/32 印张：2.375
字数：60千字
定价：18.00元
（凡本版图书出现印刷、装订错误，请向出版社发行部调换）